BEI GRIN MACHT SICH IHR WISSEN BEZAHLT

- Wir veröffentlichen Ihre Hausarbeit, Bachelor- und Masterarbeit

- Ihr eigenes eBook und Buch - weltweit in allen wichtigen Shops

- Verdienen Sie an jedem Verkauf

Jetzt bei www.GRIN.com hochladen und kostenlos publizieren

Victor Killian

Zum Entwicklungsstand des regionalen Wachstumskernes Cottbus

GRIN Verlag

Bibliografische Information der Deutschen Nationalbibliothek:

Die Deutsche Bibliothek verzeichnet diese Publikation in der Deutschen National-
bibliografie; detaillierte bibliografische Daten sind im Internet über http://dnb.d-
nb.de/ abrufbar.

Impressum:

Copyright © 2011 GRIN Verlag GmbH
Druck und Bindung: Books on Demand GmbH, Norderstedt Germany
ISBN: 978-3-656-24403-5

Dieses Buch bei GRIN:

http://www.grin.com/de/e-book/198068/zum-entwicklungsstand-des-regionalen-
wachstumskernes-cottbus

GRIN - Your knowledge has value

Der GRIN Verlag publiziert seit 1998 wissenschaftliche Arbeiten von Studenten, Hochschullehrern und anderen Akademikern als eBook und gedrucktes Buch. Die Verlagswebsite www.grin.com ist die ideale Plattform zur Veröffentlichung von Hausarbeiten, Abschlussarbeiten, wissenschaftlichen Aufsätzen, Dissertationen und Fachbüchern.

Besuchen Sie uns im Internet:

http://www.grin.com/

http://www.facebook.com/grincom

http://www.twitter.com/grin_com

Fachbereich Wirtschaft

ZUM AKTUELLEN ENTWICKLUNGSSTAND

DES REGIONALEN WACHSTUMSKERNES

COTTBUS

Belegarbeit im Modul
Regionalmanagement II

Sommersemester 2011
Studiengang Regionalmanagement

Bearbeiter: **Victor Killian**

Abgabetermin der Arbeit: **05.08.2011**

Inhaltsverzeichnis

Abbildungs- und Tabellenverzeichnis

Vorwort

Die regionale und kommunale Wirtschaftsförderung[1] in Brandenburg ist seit Jahren fest, als ein Teil der Gesamtentwicklung einer Region, Stadt und Kommune, etabliert.[2] Sie durchlief jedoch innerhalb der letzten Dekaden einen tiefgreifenden Wandel. Der überregionale Wettbewerb um mobile Faktoren (Know – How, Rohstoffe, Kapital), die zunehmende Mittelknappheit der Gebietskörperschaften sowie die verstärkten Globalisierungsprozesse hatten einen Paradigmenwechsel zur Folge. So wurde die wachstumsorientierte Wirtschaftsförderung langsam von einer Wirtschaftsförderpolitik abgelöst, die auf Bestandssicherung, d.h. die aktive Unterstützung der endogenen regionalen Unternehmen, fokussiert war. Vor diesem Hintergrund agieren heutzutage die Wirtschaftsförderungen der Landkreise, die Wirtschaftsfördergesellschaften bzw. die Entwicklungsgesellschaften als Moderator und Mediator zwischen standortsuchenden Unternehmen und standortanbietenden Kommunen, Städten oder Teilregionen.[3] Weitere Aufgaben sind: Standort- & Imagemarketing, Einbettung global agierender Unternehmen in die Region[4], Netzwerkbildung und Kooperation fördern (Anreize schaffen), Entwicklung und Umsetzung strategischer Rahmenkonzepte, Um- und Nachnutzung des Bestands (z.B. Konversionsflächen) und kreativer Rückbau. Diese sollen der Verwirklichung des primären Ziels der Wirtschaftsförderung dienen; strukturschwache Regionen zu regenerieren, deren Standortnachteile auszugleichen und mittels Stärkung der Handlungsfähigkeit der lokalen Akteure den Anschluss an die allgemeine Wirtschaftsentwicklung zu halten.[5]

Der ubiquitäre Strukturwandel, vor allem in den neuen Bundesländern, führte zudem dazu, dass seit 2005 die Förderpolitik des Landes Brandenburg neu ausgerichtet wurde. Dieser politische Kurswechsel resultiert auch aus der erheblichen Kritik an der alten Wirtschaftspolitik, insbesondere vor dem Hintergrund der veränderten Rahmenbedingungen. So stellte das IRS Erkner (Institut für Regionalentwicklung und Strukturwandel) im Juli 2005 klar, dass mit den traditionellen Förderpolitiken die Strukturkrise in Ostdeutschland nicht mehr gesteuert und gelenkt werden kann.

Auswirkungen des strukturellen Wandels sind: lokale Einkommensrückgänge, Landflucht, Zunahme der Anteile verarmter Bevölkerung, Wohnungsleerstand, Verödung innerstädtischer Flächen, Suburbanisierungsprozesse usw.[6]

---

[1] Eine Definition zu Wirtschaftsförderung befindet sich im Anhang 1.
[2] Vgl.: Rösler, M.: Regionale Wirtschaftsförderung im Umbruch. Merkmale und Richtung des Umbruchs – bezogen auf die Wirtschaftsförderung im Landkreis Barnim/Brandenburg. In: OIKOS: Evaluierung und Optimierung regionaler Wirtschaftsförderung – untersucht im Landkreis Barnim/Brandenburg. Heft 4, 2006, S. 22
[3] Vgl.: Wollenberg, K.: Regionale Wirtschaftsförderung im Umbruch. Regionale Wirtschafsförderung – Handlungsbedarf, Ziele und Erflogsmessung, In: OIKOS: Evaluierung und Optimierung regionaler Wirtschaftsförderung – untersucht im Landkreis Barnim/Brandenburg. Heft 4, 2006, S. 9
[4] Vgl.: Bürkner, H.-J.: Förderpolitiken und Regenerierungsstrategien. In: IRS aktuell, Heft 48, 2005, S. 3
[5] ebenda, S. 2
[6] siehe Quelle 4

Das bis 2005 praktizierte Konzept der Dezentralen Konzentration basierte auf der Flächenförderung, um das Ausgleichsprinzip[7] zu realisieren (gleichwertige Lebensverhältnisse) und ging weiterhin von positiven Entwicklungsprozessen seitens Berlins aus, die auf die Randregionen Brandenburgs überspringen sollten (z.B. externe Investoren). Tatsächlich wurden die erhofften Strahlungswirkungen Berlins nicht im ausreichenden Umfang realisiert. Für die Städte und Kommunen im peripheren Raum Brandenburgs konnten so nur vereinzelt Wachstumsimpulse durch die Hauptstadt generiert werden.[8]

Aufgrund der fehlenden Steuerungsfähigkeit der neuen Rahmenbedingungen, der finanziellen Engpässe (EU – Fördermittel sinken, Schlüsselzuweisungen des Bundes für Kommunen, Städte laufen bis spätestens 2019 aus)[9] und der größtenteils ausbleibende Erfolge, ist die traditionelle Flächenförderung mit der „Gießkanne" obsolet geworden. Eine Umorientierung der Förderpolitik war somit unabdingbar.

---

[7] Arndt, M. u.a. (Hrsg.): Stärkung der Städte und Stadtregionen. Positionspapier zur Neuausrichtung der Förderpolitik im Land Brandenburg. In: IRS aktuell, Heft 48, 2005, S. 3
[8] Vgl.: Kujath, H.-J.: Landesentwicklung im Umland der Metropole. In IRS aktuell, Heft 48, 2005, S. 4
[9] Vgl.: Dohnke, A.: Wachstum und Ausstrahlung? Zur regionalen Komponente der Neuausrichtung der Förderpolitik im Land Brandenburg. LASA – Studie Nr. 47, S. 24. Online im Internet. URL: http://www.lasa-brandenburg.de/fileadmin/user_upload/MAIN-dateien/schriftenreihen/studie_nr-47.pdf, Zugriff am 31.07.11 um 13:17 Uhr

1 Wirtschaftsförderung in Brandenburg

Die Kombination aus dem sich langsam vollziehenden Paradigmenwechsel einerseits und der veralteten Förderpolitik andererseits motivierten die Landesregierung im Jahr 2004 den politischen Kurswechsel einzuleiten (siehe Anhang 2). Man legte im Rahmen der Neuausrichtung fest, den Fokus auf die Konzentration von Fördermitteln auf wenige Schwerpunktstädte (Regionale Wachstumskerne) und auf sektorale zukunftsträchtige Branchen (Branchenkompetenzfelder) zu richten. Dies wurde auch durch das neue Leitmotto „Stärken stärken – für Wachstum und mehr Beschäftigung" verbalisiert.

Die **Regionalen Wachstumskerne (RWK)** zeichnen sich durch besondere wirtschaftliche und wissenschaftliche Potenziale aus. Zudem müssen sie eine Mindesteinwohnerzahl von 20.000 Bewohnern und ein überdurchschnittliches Aufkommen an Branchenkompetenzfeldern nachweisen. Diese Branchen – Schwerpunktorte sollen Ausstrahlungseffekte für ihr Umland generieren. Im Prinzip steht diesen Standorten die Aufgabe eines Wirtschaftsmotors für die Region zu. Momentan existieren 15 RWK, die relativ gleichmäßig auf das Gebiet des Landes Brandenburgs verteilt sind (siehe nachstehende Grafik).[10]

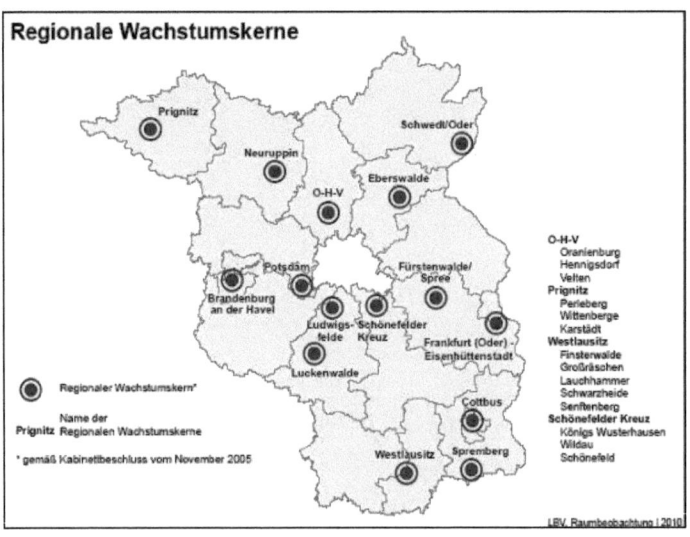

Abbildung 1: Regionale Wachstumskerne[11]

---

[10] Vgl.: Ministerium für Wirtschaft und Europaangelegenheiten/Staatskanzlei des Landes Brandenburg (Hrsg.): Wachstumskerne - Starke Standorte für Brandenburg. Potsdam 2010, S. 4ff
[11] Vgl.: Staatskanzlei des Landes Brandenburg: Grafik Regionale Wachstumskerne.
http://www.stk.brandenburg.de/media_fast/lbm1.a.4856.de/rwk_karte.pdf, Zugriff am 31.07.11 um 13:47 Uhr

Neben den 10 Städten, wurden auch 5 Städtebände (Mehrlinge) als Regionale Wachstumskerne deklariert. Insgesamt nehmen sie rund 10,2 % der Landesfläche ein, vereinen 35 % der Landesbevölkerung in ihren Gebieten und stellen knapp die Hälfte der Arbeitsplätze des Landes. Jedes, mit dem RWK – Status, gekennzeichnete Gebiet, musste im Vorfeld ein sogenanntes Standortentwicklungskonzept (SEK) vorlegen.[12] Die aus dieser strategischen Grundlage abgeleiteten prioritären Maßnahmen sollen Rahmenbedingungen für die Stärkung der Wirtschaft und die wirtschaftliche Entwicklung umliegender Kommunen legen. Hierbei wird in erster Linie der Ausbau der Verkehrsinfrastruktur berücksichtigt (siehe Anhang 3).

Die zweite entscheidende Komponente der Neuausrichtung der Förderpolitik ist die stärkere sektorale Fokussierung der Wirtschaftsförderung auf die Branchenkompetenzfelder. Die **Branchenkompetenzfelder (BKF)** sind Branchen mit überdurchschnittlichen Wachstumspotenzialen. Auf Basis verschiedener Kriterien (siehe Anhang 4) wurden somit die folgenden 14 Branchen (vorher 16) ermittelt: Automotive, Biotechnologie/Life Sciences, Energiewirtschaft/-technologie, Ernährungswirtschaft, Holzverarbeitende Wirtschaft, Kunststoffe/Chemie, Logistik, Luftfahrttechnik, Medien/IKT, Metall, Optik, Papier, Schienenverkehrstechnik, Tourismus. Die Mikroelektronik wurde in Form einer Querschnittsbranche mitbeachtet. Sie wurde im Zeitraum von 2005 – 2009 mit rund 177,9 Millionen € am stärksten gefördert. Die detaillierte Förderkulisse der BKF ist im Anhang 5 aufgegliedert.[13] Inwieweit diese Kompetenzfelder wirklich zukunftweisend sind, kann jedoch keiner voraussagen.

Die Förderfähigkeit einer Unternehmung oder eines Projekts hängt demnach von der Zugehörigkeit zu einem BKF und/oder der räumlichen Zuordnung zu einem RWK ab. Neben der grundsätzlichen standortunabhängigen Basisförderung können Unternehmen, die in einem Branchenkompetenzfeld agieren, zusätzlich eine Potenzialförderung von nochmals 15 % in Anspruch nehmen. Diese wird mittels Förderprogrammen umgesetzt (siehe Anhang 6). Die meisten Fördermittel können Branchenkompetenzfeld – Unternehmen in RWK akquirieren.[14]

Die Neuausrichtung der Wirtschaftsförderung auf RWK und BKF soll dazu beitragen, den Strukturwandel besser lenken zu können. Dies soll vor allem unter der Prämisse des effektiveren Einsatzes der knapper werdenden Fördermittel geschehen. Weitere Ziele sind in der nachstehenden Grafik aufgeschlüsselt.

---

[12] Vgl.: Ministerium für Wirtschaft und Europaangelegenheiten/Staatskanzlei des Landes Brandenburg (Hrsg.): Wachstumskerne - Starke Standorte für Brandenburg. Potsdam 2010, S. 6f
[13] Vgl.: Baum, K./Ziegenbalg, B.: Evaluierung der Ergebnisse der Neuausrichtung der Wirtschaftsförderung des Landes Brandenburg. In: ifo Dresden berichtet, 18. Jahrgang, 01/2011, S. 29
[14] Vgl.: Dohnke, A.: Wachstum und Ausstrahlung? Zur regionalen Komponente der Neuausrichtung der Förderpolitik im Land Brandenburg. LASA – Studie Nr. 47, S. 26 – 29. Online im Internet. URL: http://www.lasa-brandenburg.de/fileadmin/user_upload/MAIN-dateien/schriftenreihen/studie_nr-47.pdf, Zugriff am 31.07.11 um 19:48 Uhr

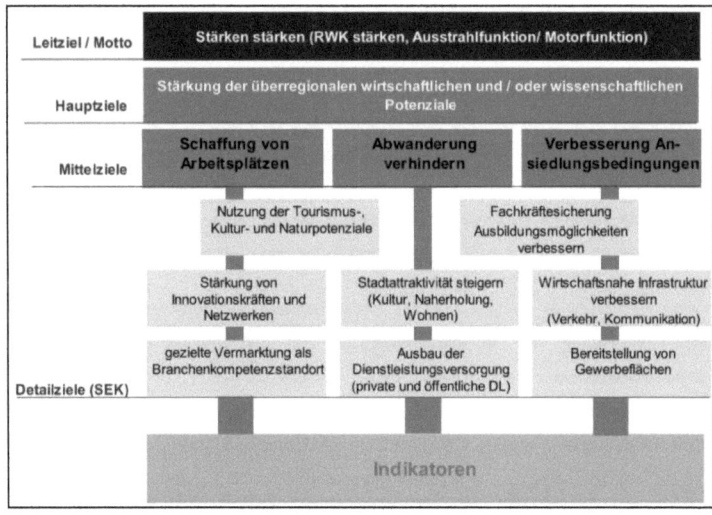

Abbildung 2: Zielpyramide der Neuausrichtung der Förderpolitik[15]

Die Regionomica GmbH und die Ernst Basler + Partner GmbH beurteilten die Umstrukturierung der Wirtschaftsförderung für den Zeitraum 2006 bis 2009 überwiegend positiv. So konnte z.b. für die Zahl der Sozialversicherten in den RWK und für die Arbeitsplatzdichte eine durchaus überdurchschnittliche Entwicklung annonciert werden. Im Gegensatz dazu stehen die negativen Wanderungsprozesse der berlinfernen RWK.[16]

Auch in Zukunft sollen die BKF und die RWK auf den Prüfstand gestellt werden. Bei negativen Resultaten droht die Komprimierung der BKF und der Entzug des RWK – Status. Zudem drängen viele Städte (siehe Anhang 7) diesem Ziel entgegen und könnten einen jetzigen RWK ablösen. Die nächste Evaluierungsrunde findet 2014 statt.

Im nachfolgenden Kapitel soll der aktuelle Stand des RWK Cottbus, bezogen auf einzelne ausgewählte Handlungsfelder, gekennzeichnet und bewertet werden.

---

[15] Vgl.: Regionomica/Ernst Basler + Partner: Evaluation der Ergebnisse der Neuausrichtung der Förderpolitik auf Regionale Wachstumskerne (RWK). Endbericht. Im Auftrag der Staatskanzlei des Landes Brandenburg. Stand Dezember 2010. Seite 29. Online im Internet. URL: http://www.stk.brandenburg.de/media_fast/lbm1.a.4856.de/endbericht%20.pdf, Zugriff am 31.07.11 um 19:38 Uhr
[16] ebenda, S. IXf, Zugriff am 31.07.11 um 20:38 Uhr

2   Der RWK Cottbus

2.1   Zum RWK Cottbus

Der RWK Cottbus liegt im Südosten von Brandenburg und ist komplett vom Landkreis Spree – Neiße umgeben. Mit der Wortmarke „Cottbus – die Stadt der Lausitz" präsentiert sich die Stadt als Zentrum der Energieregion Lausitz und als bedeutendster Wirtschaftsstandort der Region.[17] Mit 101.984[18] Einwohnern ist Cottbus die zweitgrößte Stadt im Land Brandenburg und zugleich eines der vier Oberzentren des Landes (siehe Anhang 8). Somit muss die kreisfreie Stadt, neben den aus dem RWK – Status abgeleiteten Aufgaben, auch die Regelversorgung, bestehend aus Bildungs-, Gesundheits-, Kultureinrichtungen, Behörden und Dienstleistungen, für die Region gewährleisten.

Der regionale Wachstumskern Cottbus grenzt sich zum Umland durch seine Stadtgrenzen ab. Getreu der Funktion eines Impulsgebers für die Region, erfolgen dennoch Aktivitäten der kommunalen Wirtschaftsförderung über die RWK – Grenzen hinaus. Beispielhaft und prioritär ist das Technologie- und Industriepark – Projekt, wie auch fünf weitere Projekte (siehe Anhang 9). Sie sollen gute Rahmenbedingungen für die örtliche und umliegende Wirtschaftsentwicklung schaffen. Zusätzlich dazu wurden drei weitere Maßnahmen unisono beschlossen (Entwicklung des Staatstheaters Cottbus, Entwicklung des Hauptbahnhofs Cottbus und dessen Umfeld, Schaffung räumlicher Voraussetzungen für die Energieregion Lausitz GmbH).[19]

Die Wirtschaftsstruktur der umliegenden Region ist traditionell geprägt vom Braunkohletagebau und der Energiewirtschaft. So konzentrierten sich in der Vergangenheit die Industriearbeitsplätze außerhalb der Stadt Cottbus, nämlich rund um die Abbaugebiete. In den letzten Jahren entwickelte sich Cottbus, aufgrund von Tertiärisierungsprozessen und dem ostdeutschen Strukturwandel, zu einem Dienstleistungs- und Bildungsstandort mit hoher Bedeutung. Nur noch rund 12,27 % der 47.384 Sozialversicherungspflichtigen Beschäftigten arbeiten im primären und sekundären Wirtschaftssektor.[20]

---

[17] Vgl.: ZukunftsAgentur Brandenburg/Investitionsbank des Landes Brandenburg (Hrsg.): Jahresbericht 2010 zur Wirtschaftsförderung im Land Brandenburg. Potsdam 2011, Seite 8
[18] ebenda
[19] Vgl.: Regionomica/Ernst Basler + Partner: Evaluation der Ergebnisse der Neuausrichtung der Förderpolitik auf Regionale Wachstumskerne (RWK). Endbericht. Im Auftrag der Staatskanzlei des Landes Brandenburg. Stand Dezember 2010. Seite 76. Online im Internet. URL:
http://www.stk.brandenburg.de/media_fast/lbm1.a.4856.de/endbericht%20.pdf, Zugriff am 02.08.11 um 08:52 Uhr
[20] http://www.cottbus.de/unternehmer/statistik/beschaeftigte,40000140.html, Zugriff am 02.08.11 um 09:33 Uhr

Im Zusammenhang mit der Energieregion Lausitz nimmt der RWK die Funktion eines Wissenschafts- und Forschungszentrums ein, das in enger Zusammenarbeit mit dem RWK Spremberg die örtlichen Unternehmen des Industrieparks Schwarze Pumpe (Vattenfall, Linde und Siemens) durch Know – How unterstützt.[21]

Die historisch bedingte Bindung an die Kohle und die Energiewirtschaft spiegelt sich heutzutage auch im Branchenkompetenzfeld Energiewirtschaft/-technologie wieder. Auch die traditionell strukturbestimmende Nahrungsgüterwirtschaft[22] wird im Kompetenzfeld Ernährungswirtschaft berücksichtigt. Weitere, für den Regionalen Wachstumskern Cottbus identifizierte, BKF sind: Medien/IKT, Metallerzeugung/Metallbe- und -verarbeitung/Mechatronik, Schienenverkehrstechnik.

Repräsentative Unternehmen der Cottbuser Branchenkompetenzfelder sind unter anderem: Deutsche Bahn Fahrzeuginstandsetzung GmbH, Vattenfall Europe Mining & Generation AG, BASF, envia Mitteldeutsche Energie AG, Bertelsmann AG, Kunella Feinkost GmbH.

Die kommunale Wirtschaftsförderung des RWK ist in Form einer Public – Private – Partnership aufgebaut. Diese Doppelstruktur aus amtlicher Wirtschaftsförderung und privater Entwicklungsgesellschaft soll es ermöglichen, die Entscheidungswege bei Ansiedlungen und Investoransprüchen zu verkürzen.[23] Die vorrangigen Aufgaben der Entwicklungsgesellschaft Cottbus (EGC) sind aus diesem Grund: Standortmarketing, Akquisition von nationalen und internationalen Unternehmen, Ansiedlungs- und Expansionsbetreuung, Bestandspflege, Existenzgründungserstberatung und Gewerbegebietsentwicklung.[24]

Im nächsten Schritt soll die Ausgangssituation von Cottbus anhand einer SWOT – Analyse verdeutlicht werden. In 2.3 und 2.4 werden dann vertiefend, ausgewählte Handlungsfelder auf ihren aktuellen Stand hin untersucht.

---

[21] Prätzel, F. (2011) Gewerbeflächenmanager der EGC Cottbus. Persönliches Interview, geführt vom Autor. Cottbus, 20. Juni 2011
[22] Vgl.: Weber, J.: Kommunale Wirtschaftsförderung in Brandenburg. In: Europäische Hochschulschriften, Reihe 5, Volks und Betriebswirtschaft, Band 2625, 2000, S. 159
[23] ebenda, S. 160ff
[24] http://www.egc-cottbus.de/service/unternehmen.html, Zugriff am 02.08.11 um 8:56 Uhr

2.2   SWOT – Analyse

Ein Standortvorteil und somit gleichzeitig eine Stärke der Region ist die **zentrale und verkehrsgünstige Lage in Europa.** Es besteht eine direkte und zügige Anbindung an die Agglomerationsräume Dresden, Berlin und Leipzig via Autobahn (A 15 und A 13) und den Schienenverkehr. Der bi- und multilaterale Austausch wird durch die Anbindungsmöglichkeiten nach Breslau, Posen, Prag wie auch zu den internationalen Flughäfen Berlin – Schönefeld (60 Min.), Dresden – Klotsche (60 Min.) und Berlin – Tegel (90 Min.) gewährleistet (siehe Anhang 10). Die Bedeutung als Verkehrsknotenpunkt hat der Hauptbahnhof von Cottbus jedoch verloren. Ursächlich hierfür sind die veraltete Bahnhofsanlage (keine Barrierefreiheit) und die geringe Anbindung an den Fernverkehr (nur 2 Fernzuglinien passieren Cottbus). Um dem entgegenzuwirken, wurde der Ausbau der Bahntrasse Cottbus - Berlin als prioritäre Maßnahme des RWK Cottbus festgehalten (siehe Anhang 9). Im Mittelpunkt des Ausbaus steht die Erhöhung der Geschwindigkeit der Trasse auf 160 km/h. Die Umsetzung des Projekts sollte bis Mitte 2011 erfolgen. Der aktuelle Stand zeigt jedoch, dass die Fertigstellung noch auf sich warten lässt.[25] Zusätzlich soll der Bahnhof in den nächsten Jahren mit rund 100 Millionen € von der Deutschen Bahn saniert werden. Auch der RWK Cottbus beteiligt sich an der Aufwertung des Bahnhofs in Form der Umgestaltung des Bahnhofvorplatzes mit knapp 8 Millionen €.[26]

Ein weiteres endogenes Potenzial der Stadt Cottbus stellt das **Carl – Thiem – Klinikum** dar, welches das größte seiner Art in Brandenburg ist. Zusammen mit dem Herzzentrum ist es überregional bekannt und hat großen Einfluss auf die Region. Mit 2300 Mitarbeitern ist es der größte Arbeitgeber im RWK. Demnach ist es nicht verwunderlich, dass dieses Klinikum, nicht zuletzt auch wegen des Status eines Lehrkrankenhauses der Charité, ein Impulsgeber für die Wirtschaft und Wissenschaft bedeutet.[27]

Typisch für ostdeutsche Städte der Peripherie sind **Schrumpfungsprozesse hinsichtlich der Bevölkerung.** Im Zeitraum von 2006 bis März 2011 ist die Einwohnerzahl in Cottbus von 102.690 auf unter 100.000 (99.886) Bewohner gesunken.[28] Momentan geht man davon aus, dass die Zahl der dort lebenden Menschen sich nochmals um 10.000 Einwohner reduzieren wird (siehe Anhang 11).

---

[25] Vgl.: http://der-lausitzer.de/2011/06/29/cottbus-aufnahme-zugverkehr-cottbus-berlin-verspatet-sich/, Zugriff am 02.08.11 um 12:15 Uhr
[26] Prätzel, F. (2011) Gewerbeflächenmanager der EGC Cottbus. Persönliches Interview, geführt vom Autor. Cottbus, 20. Juni 2011
[27] Vgl.: Stadtverwaltung Cottbus, Fachbereich Stadtentwicklung (Hrsg.) (2007): Integriertes Stadtentwicklungskonzept. Cottbus 2020 – „mit Energie in die Zukunft". Entwurf. S. 61. Online im Internet. URL: https://www.cottbus.de/opt/senator/abfrage/index.pl?S_SID=MLDIru8OKO_HQFO8-uH88w:c8&G_CONTEXT=Hf_aU9LnwHO9iD1yEYlQdA&G_ID=0:Dokument:7487, Zugriff am 02.08.11 um 12:28 Uhr
[28] http://www.cottbus.de/unternehmer/statistik/bevoelkerung,40000128.html, Zugriff am 02.08.11 um 12:59

Die negativen Pendlerströme könnten durch die Öffnung des Großflughafens Berlin – Brandenburg verstärkt werden. Vor allem Know – How – Träger und Fachkräfte pendeln jetzt bereits zwischen Cottbus und der Arbeitsstelle in Berlin (905 Personen[29]). Sie folgen damit Unternehmen, die Sparten ihrer Firma in den stadtnahen Rand von Berlin verlagern. Die Deutsche Bahn AG gliederte zum Beispiel die DB Fahrplanabteilung von Cottbus nach Berlin aus.[30]

Um den Abwanderungsprozessen entgegenzuwirken und aktiv Fachkräftesicherung zu betreiben, ist die Intensivierung der Vernetzung der Wirtschaft und Wissenschaft zu forcieren. Hierfür bietet die **Entwicklung des TIP – Geländes** eine Chance. Ausführlicher werden die beiden Handlungsfelder in den Kapiteln 2.3 und 2.4 behandelt.

Die nach wie vor große monostrukturelle Abhängigkeit von der Braunkohle und der Energie ist vor dem Hintergrund der **zukünftigen Energiewende** als riskant zu bewerten. Zunächst bedeutet der beschlossene Atomausstieg eine Aufwertung der Braunkohle, da die Versorgungssicherheit, unabhängig von den Naturgegebenheiten (Wind, Sonne usw.), garantiert werden muss.[31] Inwiefern dies Konfliktpotenzial für die Bürger, die Leitbilder und die Konzepte zur Stärkung des Tourismus birgt, kann hier nicht abgesehen werden. Vor dem Hintergrund der erneuerbaren Energien ist die Erhaltung der mit der Kohle verknüpften Arbeitsplätze fragwürdig. Eine Perspektive, ehemalige Abbaugebiete zu nutzen, verdeutlicht das Projekt **Cottbuser Ostsee**. Nach der ph - Neutralisierung des eingeleiteten Wassers des gefluteten Tagebaus Cottbus Nord 2015[32], soll dieses Areal als Naherholungsgebiet und touristischer Anziehungsmagnet fungieren. Wie erfolgreich solche Entwicklungen sein können, zeigt das Konzept des Lausitzer Seenlands. Der ökonomische Nutzen wird dort auf 10 – 16 Millionen € geschätzt.[33]

Weitere Stärken, Schwächen, Chancen und Risiken sind kumuliert im Anhang 12 dargestellt.

---

[29] Vgl.: Regionomica/Ernst Basler + Partner: Evaluation der Ergebnisse der Neuausrichtung der Förderpolitik auf Regionale Wachstumskerne (RWK). Endbericht. Im Auftrag der Staatskanzlei des Landes Brandenburg. Stand Dezember 2010. Seite 73. Online im Internet. URL: http://www.stk.brandenburg.de/media_fast/lbm1.a.4856.de/endbericht%20.pdf, Zugriff am 02.08.11 um 13:24 Uhr
[30] Prätzel, F. (2011) Gewerbeflächenmanager der EGC Cottbus. Persönliches Interview, geführt vom Autor. Cottbus, 20. Juni 2011
[31] Vgl.: http://www.lausitzer-gruenderwettbewerb.de/index.php/pressespiegel.html?file=tl_files/Presseartikel/2011/Tillich%3A%20Atomausstieg%20ist%20Chance%20fuer%20die%20Lausitzer%20Braunkohle.pdf&page=3, Zugriff am 03.08.11 um 09:25
[32] Vgl.: Stadtverwaltung Cottbus, Fachbereich Stadtentwicklung (Hrsg.) (2007): Integriertes Stadtentwicklungskonzept. Cottbus 2020 – „mit Energie in die Zukunft". Entwurf. S. 120. Online im Internet. URL: https://www.cottbus.de/opt/senator/abfrage/index.pl?S_SID=MLDIru8OK0_HQFO8-uH88w:c8&G_CONTEXT=Hf_aU9LnwHO9iD1yEYlQdA&G_ID=0:Dokument:7487, Zugriff am 02.08.11 um 17:11 Uhr
[33] Arnhold, T.: „Neue Seen in der Lausitz - Wissenschaftliche Studie über ökonomischen Nutzen". In: TerraTech, Heft 01/2010, S.13

2.3 Handlungsfeld Bildung, Forschung, Wissenschaft

Bezugnehmend auf die prioritären Maßnahmen des Regionalen Wachstumskernes Cottbus, konnten zwei, für dieses Handlungsfeld, prägnante Projekte identifiziert werden (siehe Anhang 9):

> 1) **Unterstützung des Max – Steenbeck – Gymnasiums bei der Verlagerung des Schulstandorts**
>
> 2) **Bau des Energiezentrums an der Brandenburgischen Technischen Hochschule (BTU)**

Abbildung 3: Prioritäre Maßnahmen des RWK im Bereich Bildung, Forschung und Wissenschaft

Sie sollen gezielt die Abwanderung von Know – How – Kräften und Hochschulabsolventen verhindern. Zudem fixieren sie die Stärkung der Innovationskräfte und der vorhandenen Netzwerke.[34] Ein innovatives Milieu soll erzeugt werden.

Zu 1) Für die Verlagerung des Schulstandorts in die direkte Nähe der BTU und die vorherige Sanierung des zu beziehenden Gebäudes werden rund 12 Millionen € aufgewendet. Die neuen Räumlichkeiten werden energiesparend und nachhaltig ökologisch saniert. Die geplante Passivhauskonstruktion sowie die Photovoltaikanlage im Wert von 1,5 Mio. € runden diesen Aspekt ab. Mittlerweile erhofft man sich allerdings die Grenze von 13 Mio. €[35] nicht zu überschreiten. Das Max – Steenbeck – Gymnasium ist eine überregional bekannte Schuleinrichtung, die aktiv die Hochbegabten in den MINT[36] – Bereichen fördert. Durch die o.g. zukünftige Nachbarschaft wird die enge Kooperationsarbeit dieser beiden Einrichtungen intensiviert. Ohnehin besteht bereits eine Forschungs- und Bildungskooperation (FBK) mit der BTU und der FH Lausitz.[37] Dort wird es Schülern ermöglicht, die theoretischen Grundlagen in die Praxis umzusetzen und zu forschen. Hierfür stehen die Universitätslabore und Aninstitute offen. Der frühe Kontakt zu den Hochschulen und den Wissenschaftlern vor Ort forciert die Bindung der Hochbegabten an die Bildungsinstitutionen und die Stadt Cottbus.

Aufgrund der aufeinander abgestimmten Profile können sich Schulabgänger des Max – Steenbeck – Gymnasiums bei bestimmten Studiengängen der BTU die ersten beiden Semester ihres Grundstudiums anrechnen lassen. [38]

---

[34] Vgl.: Regionomica/Ernst Basler + Partner: Evaluation der Ergebnisse der Neuausrichtung der Förderpolitik auf Regionale Wachstumskerne (RWK). Endbericht. Im Auftrag der Staatskanzlei des Landes Brandenburg. Stand Dezember 2010. Seite 77. Online im Internet. URL:
http://www.stk.brandenburg.de/media_fast/lbm1.a.4856.de/endbericht%20.pdf, Zugriff am 03.08.11 um 09:32 Uhr
[35] Prätzel, F. (2011) Gewerbeflächenmanager der EGC Cottbus. Persönliches Interview, geführt vom Autor. Cottbus, 20. Juni 2011
[36] MINT = Mathematik, Informatik, Naturwissenschaft, Technik
[37] Vgl.: http://www.steenbeck-gymnasium.de/kooperation.html, Zugriff am 03.08.11 um 9:53 Uhr
[38] siehe Quelle 37

Zu 2) Als eins von 16 Projekten wurde das Energiezentrum vom Wissenschaftsrat Deutschlands für die Verwirklichung auserwählt.[39] Die durch das Energiezentrum geschaffenen Räumlichkeiten bieten den Energieforschern der BTU optimale Forschungsbedingungen. Auch das Forschungsnetzwerk CEBra soll einen Platz in diesem Gebäude erhalten. Als Ergebnis kann somit schnell Kontakt zu den Netzwerkpartnern aufgebaut und Wissenstransfer erzeugt werden. Die Finanzierung erfolgt über das Land und den Bund. Fertigstellung ist voraussichtlich im ersten Quartal 2013.[40]

Die Profilierung der BTU sowie der Neubau des Energiezentrums setzen passgenaue themenbezogene Rahmenbedingungen für das Umland (Energieregion Lausitz). Zudem ergänzen sie das Branchenkompetenzfeld Energiewirtschaft/-technologie durch die forschende Komponente. Diese Kombination könnte in Zukunft für noch mehr forschungs- und entwicklungsintensive Unternehmen von Vorteil sein. Bereits heutzutage wirkt die BTU als Pull - Faktor für innovative Unternehmen, vor allem der Energie- und Medien/IKT –Wirtschaft. Eine Studie der Brandenburgischen Technischen Universität zeigt die starke Konzentration von „innovativen Unternehmen" am Standort Cottbus, was an der Abbildung 4 auf Seite 10 zu erkennen ist. Als innovativ gelten Unternehmen, wenn sie Kriterien wie z.B. hohe Wachstumsraten, externe Beziehungen, Auslandsaktivitäten, Umfang von Forschung und Entwicklung und die finanzielle Sicherung in der Zukunft im hohen Maße erfüllen.[41]

Im Vergleich der in Cottbus vorhandenen Branchenkompetenzfelder, verzeichnete das BKF Energiewirtschaft/-technologie 2010 das höchste Investitionsvolumen.[42] Eher wenig innovatives Potenzial wurde im Bereich der Ernährungswirtschaft sichtbar.

---

[39] Vgl.: http://www.tu-
cottbus.de/btu/de/universitaet/presse/presseinformationen/einzelansicht.html?tx_ttnews[tt_news]=604&cHash=4c7bf
9e1afba7ae4b60618a0b9f4bf6e, Zugriff am 03.08.11 um 09:56 Uhr
[40] siehe Quelle 34
[41] Vgl.: Baier, D./Rese, A./Sand, N.(2010): Innovationspotenziale in der Region Lausitz –Spreewald. Ergebnisse
einer Unternehmensrecherche und –befragung. Eine Studie des Lehrstuhls Marketing und Innovationsmanagement an
der BTU Cottbus im Auftrag der IHK Cottbus. Stand Februar 2010. Online im Internet. URL:
http://www.cottbus.ihk.de/upload/1004/2/4825/76258.pdf, Zugriff am 03.08.11 um 16:01
[42] Vgl.: ZukunftsAgentur Brandenburg/Investitionsbank des Landes Brandenburg (Hrsg.): Jahresbericht 2010 zur
Wirtschaftsförderung im Land Brandenburg. Potsdam 2011, Seite 9

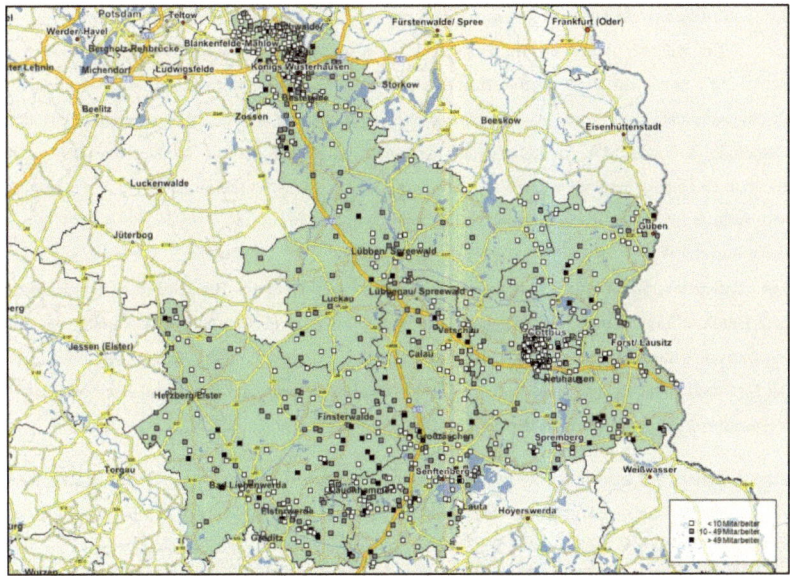

Abbildung 4: „Innovative Unternehmen" in der Energieregion Lausitz[43]

An dieser Stelle muss jedoch hinterfragt werden, ob die Fachkräfte in der betrachteten Region ausreichend gesichert werden. Sicherlich ist es einfacher, Schüler des Max – Steenbeck – Gymnasiums an die Hochschule und eventuell darüber hinaus an die Stadt zu binden, da sie schon früh Bezug zu der Region aufgebaut haben. Doch es sollte auch auswärtigen Studierenden und Absolventen die Chance der Identifikation mit der Stadt und seiner Wirtschaft gegeben werden. Zum Teil stehen ihnen auch während des Studiums zu wenig Praktikumsplätze und Anreize zur Verfügung, um sich auch aktiv mit der regionalen Wirtschaft auseinander zu setzen.

---

[43] Baier, D./Rese, A./Sand, N.(2010): Innovationspotenziale in der Region Lausitz –Spreewald. Ergebnisse einer Unternehmensrecherche und –befragung. Eine Studie des Lehrstuhls Marketing und Innovationsmanagement an der BTU Cottbus im Auftrag der IHK Cottbus. Stand Februar 2010. S. 37 Online im Internet. URL: http://www.cottbus.ihk.de/upload/1004/2/4825/76258.pdf, Zugriff am 03.08.11 um 16:01

2.4 Handlungsfeld Technologie- und Industriepark (TIP) Cottbus

Ein weiterer Punkt, um die Erzeugung eines innovativen Milieus voranzutreiben, ist die Schaffung von kostengünstigen Ansiedlungsflächen[44] für Unternehmen rund um die Bildungseinrichtungen. Ein vielversprechendes Projekt entsteht zurzeit in Kooperation mit der Gemeinde Kolkwitz. Die verkehrsgünstig gelegene Militärbrache und Konversionsfläche des ehemaligen Heeresflugplatzes Cottbus – Nord wird in den nächsten Jahren zu einem Technologie- und Industriepark umfunktioniert.[45] Erwartungen werden an dieses Areal viele gehegt, z.B.: Fachkräftesicherung, Stärkung der Innovationskräfte und Netzwerke, Verbesserung der wirtschaftsnahen Infrastruktur, Unterstützung bei der Vermarktung als Branchenkompetenzstandort und Bereitstellung von Gewerbeflächen.[46] In erster Linie präferiert man die Ansiedlung von innovativen Unternehmen der Branchenkompetenzfelder. Durch die Fühlungsnähe zu dem Campus der BTU und dem neu errichteten Industrie- und Forschungszentrum auf dem Areal erhofft man sich Verbundprojekte zwischen Industrie und den Hochschulen (Auftragsforschung für die Industrie).

Zum Zeitpunkt des Interviews bei der Entwicklungsgesellschaft Cottbus stand gerade der Verkauf von ca. 7000m[2] an einen Investor an. Die aktuelle Anfragesituation für das 220 ha große Gebiet wurde als gut, aber durchaus noch verbesserungswürdig, bewertet. Ausschlaggebend für die Beurteilung sind zum Teil noch vorhandene Probleme bei der Erschließung des Gebietes und bei der Abwicklung von Unternehmensansiedlungen. Gerade bei Großinvestoren wurden in der Vergangenheit Erwartungen nicht erfüllt. So verlangte ein Großunternehmen, dessen Name auf Nachfrage nicht genannt wurde, eine verlässliche Energieversorgung, die an dem zu langem Planverfahren von 5 Jahren scheiterte.[47]

Generell kritisiert wird der Bürokratismus bei Ansiedlungsprozessen. So genehmigt die Stadtverwaltung die infrastrukturelle Erschließung einer Gewerbefläche erst nach der Unterzeichnung des Kontrakts mit dem Investor. Die Zeit bis zur kompletten Erschließung geht dem Investor dadurch verloren. Am Ende des Jahres soll die Situation durch einen Bebauungsplan entschärft werden.

---

[44] Prätzel, F. (2011) Gewerbeflächenmanager der EGC Cottbus. Persönliches Interview, geführt vom Autor. Cottbus, 20. Juni 2011
[45] Vgl.: Stadtverwaltung Cottbus, Fachbereich Stadtentwicklung (Hrsg.) (2007): Integriertes Stadtentwicklungskonzept. Cottbus 2020 – „mit Energie in die Zukunft". Entwurf. S. 118f. Online im Internet. URL: https://www.cottbus.de/opt/senator/abfrage/index.pl?S_SID=MLDIru8OK0_HQFO8-uH88w:c8&G_CONTEXT=Hf_aU9LnwHO9iD1yEYIQdA&G_ID=0:Dokument:7487, Zugriff am 03.08.11 um 10:04 Uhr
[46] Vgl.: Regionomica/Ernst Basler + Partner: Evaluation der Ergebnisse der Neuausrichtung der Förderpolitik auf Regionale Wachstumskerne (RWK). Endbericht. Im Auftrag der Staatskanzlei des Landes Brandenburg. Stand Dezember 2010. Seite 77. Online im Internet. URL: http://www.stk.brandenburg.de/media_fast/lbm1.a.4856.de/endbericht%20.pdf, Zugriff am 03.08.11 um 10:06 Uhr
[47] siehe Quelle 44

Eine weitere fehlgeschlagene Ansiedlung war die des Chemiekonzerns Südchemie. Ursache war die höhere Förderung (Extraförderung durch Mittel der bayerischen Landesregierung) für das Unternehmen am Konkurrenzstandort in Bayern. Auch wenn die Gewerbepreise des TIP – Geländes niedrig und konkurrenzfähig sind, ist die Ansiedlung von Großunternehmen bis dahin fehlgeschlagen. Im Jahr 2010 wurden 40 Neuansiedlungsprojekte durch die EGC begleitet. Jedoch schlugen am Ende nur vier Unternehmensniederlassungen zu Buche.[48] Gegenwärtig laufen neue Verhandlungen mit einem Unternehmen der Optikbranche (Konkurrenzstandort RWK Eberswalde).[49] Ein Highlight des Projekts war der Neubau des Technologie- und Forschungszentrums Cottbus (TFZ) auf dem Gelände des TIP. Es soll für Start – up – Firmen, Instituten und Ausgründungen aus den Hochschulen sowie forschungs- und entwicklungsintensiven Unternehmen optimale innovative Rahmenbedingungen schaffen. Nach etwa 3 Jahren, so erhofft man sich, entspringen daraus neue Produktionsstätten durch die Start – up – Firmen. Obwohl dieses Gebäude erst Ende Dezember 2010 eröffnet wurde, lag die Nachfrage nach Plätzen im TFZ über dessen Kapazitäten (120 %). Natürlich ist es somit vollausgelastet. Aktuell gibt es Überlegungen die Kapazitäten durch einen Anbau zu erweitern.[50]

Um die Wahrnehmung des RWK und speziell des TIP zu erhöhen, wurden wirksame Marketingprojekte initiiert. Eine Präsentation vor österreichischen Unternehmen zusammen mit dem RWK Spremberg erfreute sich großer Resonanz. Gleiches galt für die provokative Handelsblattbeilage, die unter dem Titel „Cottbus – die Wüste lebt" veröffentlicht wurde. Wie im Vorjahr findet auch in diesem Jahr wieder die EXPO REAL 2011 unter Cottbuser Präsenz statt. Hier soll die Aufmerksamkeit für den RWK und den Technologie- und Industriepark als Ansiedlungsfläche für Unternehmen gestärkt werden. Schon im vergangenen Jahr konnten positive Rückmeldungen seitens der Fachbesucher erzielt werden.[51]

[48] Vgl.: ZukunftsAgentur Brandenburg/Investitionsbank des Landes Brandenburg (Hrsg.): Jahresbericht 2010 zur Wirtschaftsförderung im Land Brandenburg. Potsdam 2011, Seite 9
[49] Prätzel, F. (2011) Gewerbeflächenmanager der EGC Cottbus. Persönliches Interview, geführt vom Autor. Cottbus, 20. Juni 2011
[50] ebenda
[51] siehe Quelle 48

3   Fazit und Handlungsempfehlungen

Der Regionale Wachstumskern Cottbus als Zentrum des ehedem von Braunkohle geprägten Lausitzer Wirtschaftsraums weist auch heute noch starke wirtschaftssektorale Spezialisierungen aufgrund der altindustriellen Vergangenheit auf. Diese Monostruktur wurde durch die Transformation der Brandenburgischen Wirtschaft (Neuausrichtung auf Branchenkompetenzfelder, RWK) nur zum Teil abgebaut. Als Dienstleistungsstandort ist die Stadt für Menschen aus dem Umland interessant. Dies beweist das erstmalig positive Pendlersaldo. Die Ausstrahlungskraft des RWK Cottbus wird zusätzlich anhand von überregionalen Projekten (TIP Cottbus) und der Zusammenarbeit mit dem RWK Spremberg erkennbar. Das Ziel eines Branchenkompetenzortes, ein Motor für die Region zu sein, kann für das betrachtete Gebiet anhand der obigen Aspekte nachgewiesen werden. In Bezug auf die Cottbuser Branchenkompetenzfelder ist zu sagen, dass sie sehr unterschiedliche Relevanzen für den RWK haben. Auf der einen Seite existiert eine wachstumsschwache und wenig innovative Ernährungswirtschaft und auf der anderen Seite eine Know – How starke und innovative Energie- und Medien/IKT – Branche, die durch das Profil der Brandenburgischen Technischen Universität unterstützt wird.

Das räumlich zusammenhängende Konstrukt von BTU, Max – Steenbeck – Gymnasium, TIP Cottbus und dem Technologie- und Forschungszentrum und das Vorhandensein von innovativen Unternehmen bilden sehr gute Voraussetzungen das BKF Energiewirtschaft/-technologie in Richtung eines Clusters zu entwickeln.

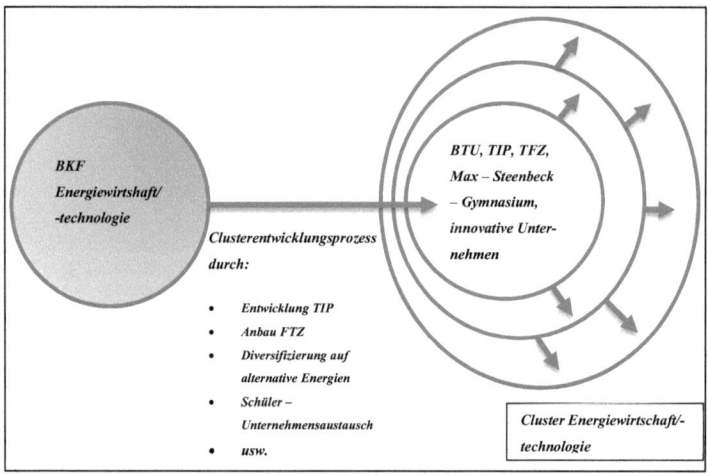

Abbildung 5: Determinanten der Clusterentwicklung des BKF Energiewirtschaft/-technologie

Diese Entwicklung sollte auch in Zukunft forciert werden, da es der einzige Wirtschaftszweig in Cottbus ist, der das Niveau eines Innovationssystems erreichen könnte. Jedoch müssen vorher die Probleme bei der Ansiedlung von Unternehmen im TIP durch kürzere Entscheidungswege und vorrangige Planverfahren gelöst werden. Vor dem Hintergrund der Energiewende muss desweiteren frühzeitig an der BTU der Fokus auf alternative Energien gerichtet werden. Mit dem Paradigmenwechsel in der Energiebranche und der vorübergehenden Aufwertung der Braunkohle entstehen Konflikte in der umliegenden Region wie beispielsweise Bürgerproteste gegen die Erschließungen von neuen Abbaugebieten und der Verlagerung von Ortschaften. Diese könnten durch den Einsatz eines Regionalmanagements als Kommunikations- und Vermittlungsinstrument gelöst werden. Hier muss der Regionalmanager die Bürger aktiv mit einbeziehen und ihnen die positiven Seiten (Schaffung neuer Arbeitsplätze, Entstehung von Erholungsräumen durch Revitalisierung alter Tagebaue) vor Augen halten.

Als Ober- und Versorgungszentrum des Umlands muss Cottbus die große Nachfrage auf dem Gebiet des Gesundheitssektors erfüllen. Dieser enorme Wachstumsmarkt wird in dem Konzept der Neuausrichtung noch verkannt. Eine Lösung wäre, die Einrichtung eines Branchenkompetenzfelds Gesundheit im Konzept der BKF. Mit einem derartigen Pendant kann man der Monostruktur der Cottbuser Wirtschaft entgegenwirken.

Um eine anhaltende Abwanderung zu verhindern, empfiehlt es sich, die Fachkräftesicherung auf die Studierenden der Hochschulen zu richten. Die Bereitstellung und Vermittlung von Praktikumsplätzen sollte intensiviert werden, um die Identifikation der Lernenden mit der Region und speziell der Wirtschaft zu fördern. Denkbar ist auch die Ausweitung der Bildungs – und Forschungskooperation zwischen der BTU und dem Max – Steenbeck – Gymnasium auf innovative Unternehmen mit Sitz im angrenzenden Technologie- und Industriepark Cottbus.

Um den aktuellen Stand des RWK Cottbus evaluieren zu können, soll an dieser Stelle eine Brücke zu den anfangs erwähnten Zielen und Aufgaben des Regionalen Wachstumskernes geschlagen werden. Die Schaffung von Arbeitsplätzen und die Senkung der Arbeitslosigkeit können als positiv bewertet werden. Zum einen bietet der Technologie- und Industriepark Cottbus gute Entwicklungsbedingungen für junge Start – up – Unternehmen, die sich später auch in der Cash – Cow – Phase ohne Ortwechsel am gleichen Standort neu niederlassen und expandieren können. Auf der anderen Seite steht das Carl – Thiem – Klinikum als Motor des Wachstumsmarktes Gesundheit. Wichtig für die Region ist der Imagewechsel von einer Braunkohlehauptstadt zu einem interessanten und attraktiven Bildungs-, Dienstleistungs- und Wissenschaftsstandort. Gestützt wird dies durch die Stärkung der weichen Standortfaktoren, wie den Innenstadtumbau, der Sanierung des einzigartigen Kinder- und Jugendtheaters und der Modernisierung des Bahnhofs und der Generalüberholung der Zugstrecke Cottbus - Berlin. Hilfreich wäre auch eine Spezialisierung der unscharfen Wortmarke „Cottbus – die Stadt der Lausitz" auf die jetzige Funktion der Stadt.

Negativ ist nach wie vor die starke monostrukturelle Abhängigkeit von der Kohle und den branchenprägenden Großunternehmen (z.B. durch Gewerbesteuereinnahmen) zu bewerten. Auch in Zukunft wird man sich von ihr aufgrund des beschlossenen Atomausstiegs nicht lösen können. Die Zukunft von Cottbus in den nächsten Jahren liegt somit im Bereich der Energiewirtschaft/-technologie. Die noch unausgereiften erneuerbaren Energien bieten die Möglichkeit sich zu diversifizieren und Wachstumspotenziale für die Region zu generieren. Dies bietet für die Zukunft die Chance ein deutschlandweites Alleinstellungsmerkmals auszuprägen. Die Vermarktung des RWK muss nachhaltig betrieben werden, um auf Cottbus aufmerksam zu machen und hierdurch Menschen und Investoren anzulocken. Zudem sollte das Regionalmanagement der Region die Bevölkerung animieren, die Entwicklung der Region zu unterstützen und zu akzeptieren.

Anhang

Anhang

Unter Wirtschaftsförderung versteht *man jede Form zweckgerichteter Unterstützung und Begünstigung der Wirtschaft in ihrem weitesten Sinne innerhalb eines bestimmten Gebiets.*

Anhang 1: Definition Wirtschaftsförderung

QUELLE: WEBER, J.: Kommunale Wirtschaftsförderung in Brandenburg. In: Europäische Hochschulschriften, Reihe 5, Volks und Betriebswirtschaft, Band 2625, Lang, Frankfurt am Main 2000, S. 43

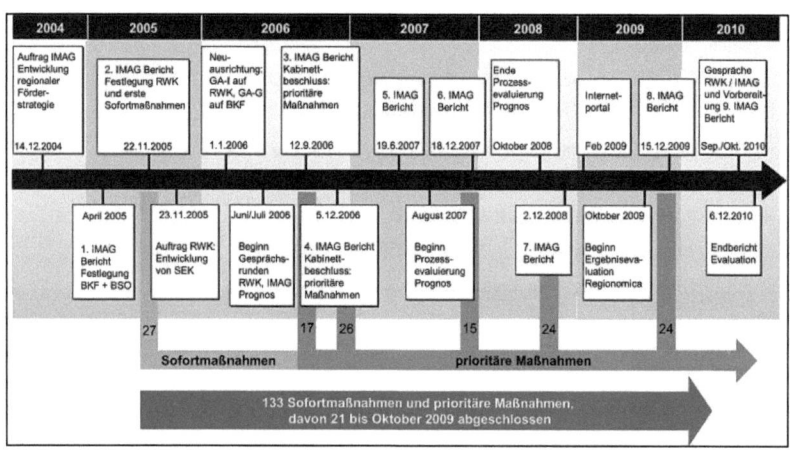

Anhang 2: Meilensteine der Neuausrichtung der Förderpolitik auf RWK

QUELLE: REGIONOMICA/ERNST BASLER + PARTNER (2010): Evaluation der Ergebnisse der Neuausrichtung der Förderpolitik auf Regionale Wachstumskerne (RWK). Endbericht. *Im Auftrag der Staatskanzlei des Landes Brandenburg.* Stand Dezember 2010. Seite V. Online im Internet. URL: http://www.stk.brandenburg.de/media_fast/lbm1.a.4856.de/endbericht%20.pdf, Zugriff am 31.07.11 um 11.01 Uhr

B

Anhang

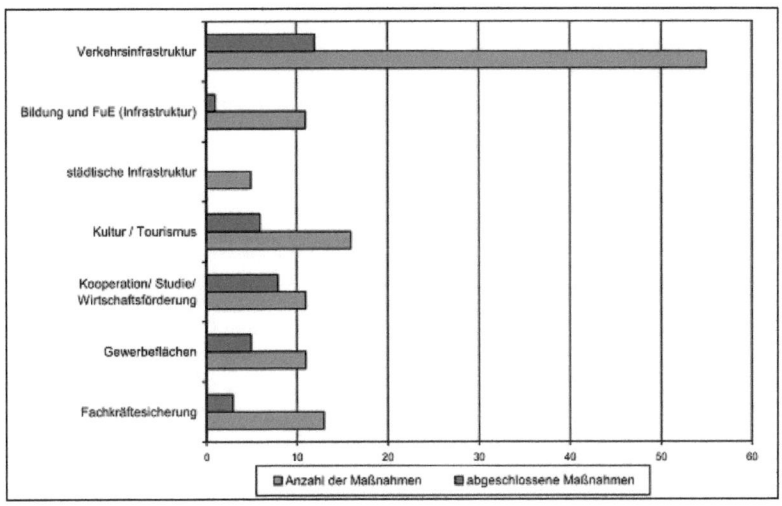

Kriterien für die Ausweisung als Branchenkompetenzfeld sind:

- *überregionale Orientierung der Unternehmen*

- *Kooperationen mit Forschungseinrichtungen oder Hochschulen*

- *gemeinsame Entwicklung neuer Produkte und gemeinsame Erschließung*

  neuer Märkte, überdurchschnittliche Verflechtung entlang der

  Wertschöpfungskette bei Beschaffung und Absatz

- *überdurchschnittliche Bedeutung für die Wertschöpfung im Land*

- *überdurchschnittliche Wachstumschancen für die Branche*

Anhang 4: Kriterien für die Ausweisung als Branchenkompetenzfeld

C

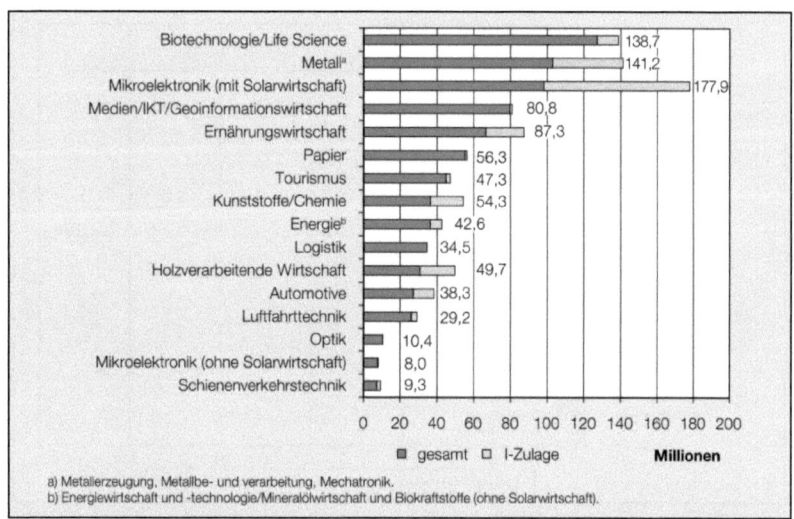

Anhang 5: Fördervolumen (Landes- und Bundesfördermittel) der Branchenkompetenzfelder 2005 bis 2009 in Millionen €

QUELLE: BAUM, K./ZIEGENBALG, B.: Evaluierung der Ergebnisse der Neuausrichtung der Wirtschaftsförderung des Landes Brandenburg. In: ifo Dresden berichtet, 18. Jahrgang, 01/2011, S. 29

Förderprogramm	Zuwendungsart	Fördermittelempfänger	Förderbereich
GA – Gewerbe	Zuschuss, Nachrangdarlehen	Unternehmen	Gründung, Investitionen
Technologie-förderung allgemein	Zuschuss	Unternehmen	Gründung, Innovation, Investition, Beratung
Große FuE – Richtlinie	Zuschuss	Unternehmen	Innovation
FuE – KMU	Zuschuss	KMU	Innovation
FuE – Luftfahrt-technik	Zuschuss	Unternehmen, Forschungs-einrichtungen	Innovation
Technologie-transfer	Zuschuss	Technologie-transferstellen	Innovation, Netzwerk
GA – Netzwerke	Zuschuss	Netzwerke	Netzwerk
Innovations-assistent	Zuschuss	KMU	Innovation, Fachkräfte
Gründungs- und Wachstums-finanzierung II	Darlehen	Existenzgründer, KU, Freie Berufe	Gründung, Innovation, Investition
Konsolidierung und Standort-sicherung	Darlehen	KMU	Betriebsmittel
Impulsprogramm & Impuls-programm 2007 - 2013	Zuschuss	Netzwerke	Beratung, Netzwerke
Innovationsfonds	Beteiligungen, Darlehen	KMU (technologieorientiert)	Innovation

Anhang 6: Förderprogramme der Wirtschaftsförderung in Brandenburg

QUELLE: eigene Darstellung in Anlehnung an Baum, K./Ziegenbalg, B.: Evaluierung der Ergebnisse der Neuausrichtung der Wirtschaftsförderung des Landes Brandenburg. In: ifo Dresden berichtet, 18. Jahrgang, 01/2011, S. 28

E

Anhang

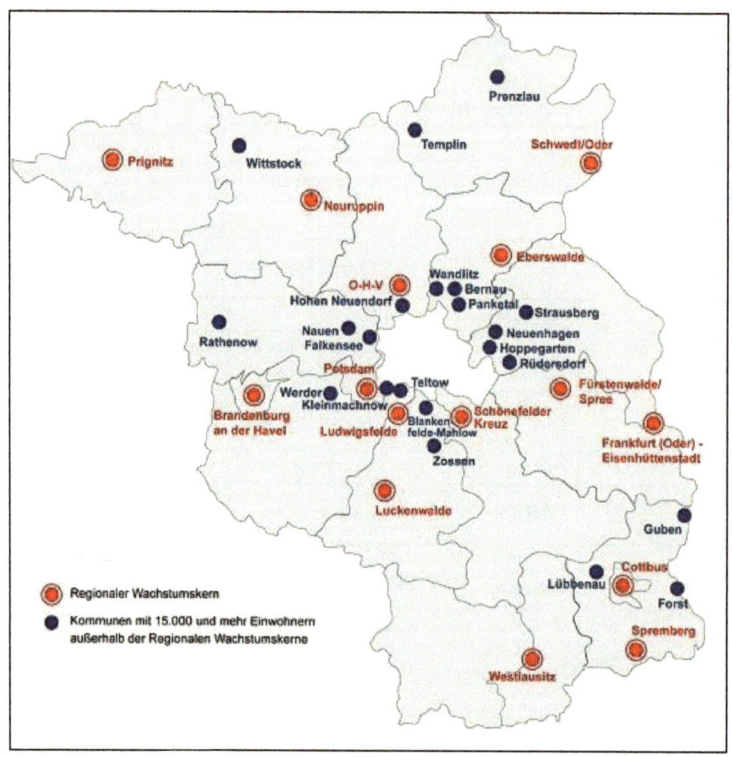

Anhang 7: Alternative RWK – Standorte für die Zukunft

QUELLE: REGIONOMICA/ERNST BASLER + PARTNER (2010): Evaluation der Ergebnisse der Neuausrichtung
der Förderpolitik auf Regionale Wachstumskerne (RWK). Endbericht. Im Auftrag der Staatskanzlei des
Landes Brandenburg. Stand Dezember 2010. Seite XXIII. Online im Internet. URL:
http://www.stk.brandenburg.de/media_fast/lbm1.a.4856.de/endbericht%20.pdf, Zugriff am 31.07.11 um
20:21 Uhr

F

Anhang

Anhang 8: Ober-, Mittel-, und Mittelzentren in Funktionsteilung in Brandenburg

QUELLE: Gemeinsame Landesplanungsabteilung der Länder Berlin/Brandenburg (2011)
http://gl.berlin-brandenburg.de/imperia/md/content/bb-
gl/landesentwicklungsplanung/daseinsvorsorge/mittelbereiche_oe.pdf, Zugriff am 01.08.11 um 11:23 Uhr

Anhang

Die prioritären Maßnahmen, die sich aus dem SEK der Stadt Cottbus abgeleitet haben,

sind:

1) Entwicklung eines Industrie- und Technologieparks (TIP – Cottbus)

2) Neubau des Energiezentrums an der Brandenburgischen Technischen Universität

3) Weiterführung des bedarfsgerechten Um- und Ausbaus des Carl – Thiem – Klinikums Cottbus

4) Verlagerung und Aufwertung des Max – Steenbeck – Gymnasiums

5) Neubau der Ortsumgehung Cottbus

6) Kurzfristiger Ausbau der Eisenbahntrasse Cottbus – Berlin auf 160 km/h

Anhang 9: Prioritäre Maßnahmen im RWK

QUELLE: Vgl.: MINISTERIUM FÜR WIRTSCHAFT UND EUROPAANGELEGENHEITEN/STAATSKANZLEI DES LANDES BRANDENBURG (HRSG.): Regionaler Wachstumskern Cottbus. Einleger. In: Wachstumskerne - Starke Standorte für Brandenburg. Potsdam 2010

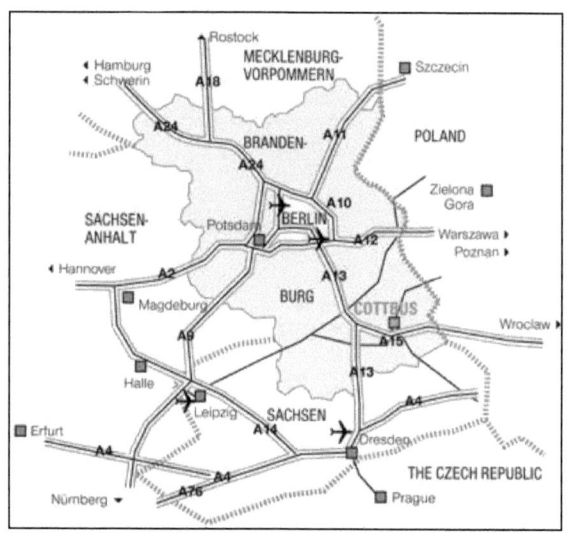

Anhang 10: Verkehrsanbindung des RWK Cottbus

QUELLE: STAATSKANZLEI DES LANDES BRANDENBURG
http://www.stk.brandenburg.de/media/lbm1.a.4855.de/anfahrt_rwkcottbus.jpg, Zugriff am 02.08.11 um 12:10 Uhr

H

Anhang

Verwaltungs-einheit	2008	2010	2020	2030	Entwicklung 2030 gegenüber 2008	2009 bis 2030	
						natür- licher Saldo	Wande- rungs- saldo
	1 000 Personen				%	1 000 Personen	
Kreisfreie Städte							
Brandenburg an der Havel........	72,5	71,6	67,1	62,8	-9,7	-13,4	-10,0	0,3
Cottbus.................	101,8	99,7	91,4	85,5	-16,3	-16,0	-15,0	-1,4
Frankfurt (Oder)......	61,3	59,9	54,5	51,1	-10,2	-16,6	-7,8	-2,4
Potsdam.................	153,0	157,0	172,1	182,5	29,5	19,3	0,3	29,2

Anhang 11: Einwohnerentwicklung im RWK im Zeitraum 2002 – 2030

QUELLE: AMT FÜR STATISTIK BERLIN BRANDENBURG (HRSG.) (2010): Bevölkerungsprognose für das
Land Brandenburg 2009 – 2030. Statistischer Bericht A|8 – 09. S.14. Online im Internet. URL:
http://www.statistik-berlin-brandenburg.de/Publikationen/Stat_Berichte/2010/SB_A1-8_j02-09_BB.pdf,
Zugriff am 02.08.11 um 13.04 Uhr

Stärken	Schwächen
• breites Spektrum an Bildung, Wissenschaft und Forschung • verkehrsgünstige Lage in der Mitte Europas • Carl – Thiem – Klinikum als größtes Klinikum in Brandenburg • positives Pendlersaldo → starke Ausstrahlungskraft des RWK für Region	• anhaltende Abwanderungen (auch v. Fachkräften & Hochschul-absolventen) • wenig Gewerbeflächen • unattraktives Stadtbild (geprägt durch industrielle Bauweise) • „Image einer Braunkohlestadt"
Chancen	**Risiken**
• Entwicklung des Technologie- und Industrieparks Cottbus (TIP) • Diversifizierung auf alternative Energien • Erhöhung der touristischen Attraktivität durch Revitalisierung des Tagebau Cottbus Nord zur Cottbuser Ostsee	• Abhängigkeit der Region von der Braunkohle und Energiewirtschaft • konstitutionelle Unwissenheit in Bezug auf die Energiewende

Anhang 12: SWOT – Analyse zur Region Cottbus

QUELLE: eigene Darstellung

I

Literatur- und Quellenverzeichnis

Literatur

WEBER, J. (2000): Kommunale Wirtschaftsförderung in Brandenburg. Regionale Handlungsfähigkeit durch kooperativen Staat? In: *Europäische Hochschulschriften*, Reihe 5, Volks- und Betriebswirtschaft, Band 2625, Lang, Frankfurt am Main 2000

KUJATH, H.-J./RÖSLER, M./WOLLENBERG, K. (2006): Evaluierung und Optimierung regionaler Wirtschaftsförderung – untersucht im Landkreis Barnim/Brandenburg. In: *OIKOS*, Heft 4, Eberswalde 2006

BÜRKNER, H.-J. (2005): Förderpolitiken und Regenerierungsstrategien. In: *IRS aktuell*, Heft 48, Erkner 2005, S.2f

ARNDT, M./BÜRKNER, H.-J./KÜHN, M./KNORR – SIEDOW, T. [HRSG.] (2005): Stärkung der Städte und Stadtregionen. Positionspapier zur Neuausrichtung der Förderpolitik im Land Brandenburg. In: *IRS aktuell*, Heft 48, Erkner 2005, S. 3

KUJATH, H.-J. (2005): Landesentwicklung im Umland der Metropole. In *IRS aktuell*, Heft 48, Erkner 2005, S. 4

MINISTERIUM FÜR WIRTSCHAFT UND EUROPAANGELEGENHEITEN/STAATSKANZLEI DES LANDES BRANDENBURG [HRSG.] (2010): Wachstumskerne - Starke Standorte für Brandenburg. Potsdam 2010

MINISTERIUM FÜR WIRTSCHAFT UND EUROPAANGELEGENHEITEN/STAATSKANZLEI DES LANDES BRANDENBURG [HRSG.]: Regionaler Wachstumskern Cottbus. Einleger. In: *Wachstumskerne - Starke Standorte für Brandenburg*. Potsdam 2010

BAUM, K./ZIEGENBALG, B. (2011): Evaluierung der Ergebnisse der Neuausrichtung der Wirtschaftsförderung des Landes Brandenburg. In: *ifo Dresden berichtet*, 18. Jahrgang, 01/2011, Dresden 2011, Seiten 23 – 32

ZUKUNFTSAGENTUR BRANDENBURG/INVESTITIONSBANK DES LANDES BRANDENBURG [Hrsg.]: Jahresbericht 2010 zur Wirtschaftsförderung im Land Brandenburg. Potsdam 2011

ARNHOLD, T.: „Neue Seen in der Lausitz - Wissenschaftliche Studie über ökonomischen Nutzen". In: *TerraTech*, Supplement zu WLB – Wasser, Luft und Boden, Heft 01/2010, Mainz 2010, S.13

Interview

PRÄTZEL, F.; Gewerbeflächenmanager der EGC Cottbus. Persönliches Interview, geführt vom Autor. Cottbus, 20. Juni 2011

Internet

REGIONOMICA/ERNST BASLER + PARTNER (2010): Evaluation der Ergebnisse der Neuausrichtung der Förderpolitik auf Regionale Wachstumskerne (RWK). Endbericht. *Im Auftrag der Staatskanzlei des Landes Brandenburg.* Stand Dezember 2010. Online im Internet. URL: http://www.stk.brandenburg.de/media_fast/lbm1.a.4856.de/endbericht%20.pdf. Zuletzt eingesehen am 03.08.11 um 10:06 Uhr

DOHNKE, A. (2010): Wachstum und Ausstrahlung? Zur regionalen Komponente der Neuausrichtung der Förderpolitik im Land Brandenburg. LASA – Studie Nr. 47, [Hrsg.] Landesagentur für Struktur und Arbeit (LASA) Brandenburg GmbH, Stand Mai 2010. Online im Internet. URL: http://www.lasa-brandenburg.de/fileadmin/user_upload/MAIN-dateien/schriftenreihen/studie_nr-47.pdf, Zuletzt eingesehen am 31.07.11 um 13:17

STAATSKANZLEI DES LANDES BRANDENBURG (2011): Grafik der Regionalen Wachstumskerne. Download vom 31.07.11 um 13:47 Uhr. URL: http://www.stk.brandenburg.de/media_fast/lbm1.a.4856.de/rwk_karte.pdf

GEMEINSAME LANDESPLANUNGSABTEILUNG DER LÄNDER BERLIN/BRANDENBURG (2011): Grafik Oberzentren, Mittelzentren und Mittelzentren in Funktionsteilung. Download vom 01.08.11 um 11:23. URL: http://gl.berlin-brandenburg.de/imperia/md/content/bb-gl/landesentwicklungsplanung/daseinsvorsorge/mittelbereiche_oe.pdf

STATISTIKSTELLE DER STADT COTTBUS (2011): http://www.cottbus.de/unternehmer/statistik/beschaeftigte,40000140.html, Zuletzt eingesehen am 02.08.11 um 09:33 Uhr

STATISTIKSTELLE DER STADT COTTBUS (2011): http://www.cottbus.de/unternehmer/statistik/bevoelkerung,40000128.html, Zuletzt eingesehen am 02.08.11 um 12:59

ENTWICKLUNGSGESELLSCHAFT COTTBUS (2011): http://www.egc-cottbus.de/service/unternehmen.html, Zuletzt eingesehen am 02.08.11 um 8:56 Uhr

STAATSKANZLEI DES LANDES BRANDENBURG (2011): Lage des RWK. Download vom 02.08.11 um 12:10 Uhr. URL: http://www.stk.brandenburg.de/media/lbm1.a.4855.de/anfahrt_rwkcottbus.jpg

K

http://der-lausitzer.de/2011/06/29/cottbus-aufnahme-zugverkehr-cottbus-berlin-verspatet-sich/, Zuletzt eingesehen am 02.08.11 um 12:15 Uhr

STADTVERWALTUNG COTTBUS, FACHBEREICH STADTENTWICKLUNG [Hrsg.] (2007): Integriertes Stadtentwicklungskonzept. Cottbus 2020 – „mit Energie in die Zukunft". Entwurf. Stand 2007. Online im Internet. URL: https://www.cottbus.de/opt/senator/abfrage/index.pl?S_SID=MLDIru8OK0_HQFO8-uH88w:c8&G_CONTEXT=Hf_aU9LnwHO9iD1yEYlQdA&G_ID=0:Dokument:7487, Zuletzt eingesehen am 03.08.11 um 10:04 Uhr

AMT FÜR STATISTIK BERLIN BRANDENBURG [HRSG.] (2010): Bevölkerungsprognose für das Land Brandenburg 2009 – 2030. Statistischer Bericht A|8 – 09. Stand Mai 2010. Online im Internet. URL: http://www.statistik-berlin-brandenburg.de/Publikationen/Stat_Berichte/2010/SB_A1-8_j02-09_BB.pdf, Zuletzt eingesehen am 02.08.11 um 13.04 Uhr

http://www.lausitzer-gruenderwettbewerb.de/index.php/pressespiegel.html?file=tl_files/Presseartikel/2011/Tillich%3A%20Atomausstieg%20ist%20Chance%20fuer%20die%20Lausitzer%20Braunkohle.pdf&page=3, Zuletzt eingesehen am 03.08.11 um 09:25

MAX – STEENBECK – GYMNASIUM (2011): Forschungs -Bildungs - Kooperation Cottbus (FBK). URL: http://www.steenbeck-gymnasium.de/kooperation.html, Zuletzt eingesehen am 03.08.11 um 9:53 Uhr

BRANDENBURGISCHE TECHNISCHE UNIVERSITÄT COTTBUS (2011): offizielle Homepage des Bezirks. Pressemitteilung vom 29.11.2010. URL: http://www.tu-cottbus.de/btu/de/universitaet/presse/presseinformationen/einzelansicht.html?tx_ttnews[tt_news]=604&cHash=4c7bf9e1afba7ae4b60618a0b9f4bf6e, Zuletzt eingesehen am 03.08.11 um 09:56 Uhr

BAIER, D./RESE, A./SAND, N.(2010): Innovationspotenziale in der Region Lausitz –Spreewald. Ergebnisse einer Unternehmensrecherche und –befragung. *Eine Studie des Lehrstuhls Marketing und Innovationsmanagement an der BTU Cottbus im Auftrag der IHK Cottbus.* Stand Februar 2010. Online im Internet. URL: http://www.cottbus.ihk.de/upload/1004/2/4825/76258.pdf, Zuletzt eingesehen am 03.08.11 um 16:01